建筑钢笔画技法与写生实例分析

The Example Analysis of
Techniques and Sketching of
Pen Drawing

第二版

陈方达　林　曦　著

中国电力出版社
CHINA ELECTRIC POWER PRESS

内容提要

徒手钢笔画作为造型基础课程之一，是高等院校建筑、城市规划、风景园林及其他艺术设计类专业学生必备的一项基本技能。本书由长期工作在教学一线、教学经验丰富、广受学生喜爱的教学名师编写而成，书中通过大量教学范例的讲解，全面、系统地阐述了建筑钢笔画的学习方法与操作技法。全书共分六部分，包括概述、建筑钢笔画的基础训练、建筑钢笔画的训练方法、建筑钢笔画的表现形式、建筑钢笔画写生实例分析、建筑钢笔画作品欣赏。本书为第二版，更新了部分案例，更具时效性和完整性。本书适合建筑学、城市规划、风景园林、室内设计等相关专业学生，以及广大钢笔画爱好者学习与临摹。

图书在版编目（CIP）数据

建筑钢笔画技法与写生实例分析 / 陈方达，林曦著 . — 2 版 . — 北京：中国电力出版社，2022.1
ISBN 978-7-5198-6013-4

Ⅰ . ①建… Ⅱ . ①陈… ②林… Ⅲ . ①建筑画－钢笔画－速写技法 Ⅳ . ① TU204.111

中国版本图书馆 CIP 数据核字（2021）第 199498 号

出版发行：中国电力出版社
地　　址：北京市东城区北京站西街 19 号（邮政编码 100005）
网　　址：http://www.cepp.sgcc.com.cn
责任编辑：王　倩（010–63412607）
责任校对：黄　蓓　常燕昆
装帧设计：锋尚设计
责任印制：杨晓东

印　　刷：三河市万龙印装有限公司
版　　次：2014 年 8 月第一版　2022 年 1 月第二版
印　　次：2022 年 1 月第六次印刷
开　　本：889 毫米 ×1194 毫米　16 开本
印　　张：11
字　　数：322 千字
定　　价：48.00 元

前言

　　《建筑钢笔画技法与写生实例分析》第一版从 2014 年 8 月出版以来，受到广大读者尤其是许多高校建筑学和环境设计相关专业师生的喜爱和好评。本次修订的重点在于对书中写生实例和建筑钢笔画作品的更新和充实，作品力求兼顾典型性与多样性。相比第一版，书中作品更注重时效性和完整性，呈现作者的最新成果。图片文字说明秉承了第一版的特点，仍然是力求简明扼要、分析到位，便于读者更好地理解和把握案例的特点和独到之处，从而进一步提高本书的可读性和实用性。

　　本书在修订过程中得到了中国电力出版社王倩编辑的热心帮助，在此深表感谢。

　　由于本书涉及内容广泛，作者水平有限，不足之处在所难免，恳请同行专家和广大读者批评指正。

陈方达　林曦

2021 年 8 月

第一版前言

　　钢笔是大家十分熟悉的书写工具，也是画家和设计师青睐的绘画工具。钢笔画是大家喜闻乐见的一种绘画表现形式，具有自身独特的艺术魅力。钢笔线条具有下笔不易修改的特点，所以用钢笔作画必须做到用笔肯定、果断、胸有成竹。徒手钢笔画作为造型基础课程之一，是建筑设计、城乡规划、风景园林以及其他艺术设计类专业学生必须掌握的一项重要技能。通过对钢笔画的练习，学习者可以有效提高造型能力和设计综合能力。

　　随着科技水平的不断发展，计算机已经被普遍运用到各类设计行业中，这给我们带来了新的选择和新的表现方式。但是，无论计算机设计绘图如何被广泛应用，它都不可能完全取代手绘。我们提倡的钢笔手绘训练至少有以下三点重要的意义：其一，快速而熟练的手绘表达能够迅速捕捉并表现出自己头脑中的形象设计意念；其二，钢笔手绘表达可以帮助设计师研究、推敲设计方案；其三，通过手绘的练习能够培养和提高练习者的观察能力、表现能力和审美能力。

　　建筑钢笔画的学习是一个长期的过程，绝不是突击几天就可以一蹴而就的。大家只要勇于尝试、循序渐进、勤学苦练、持之以恒，就一定会有所收获、取得成功。

　　笔者长期工作在教学第一线，对于初学者在学习中遇到的各种问题和困难十分了解，这使本书的内容编写更具针对性和可操作性。书中建筑钢笔画图例是笔者在教学过程中长期积累的成果，取材内容丰富，表现风格多样。本书通过大量的图例和具体的写生实例深入浅出的分析、介绍、说明，使读者能够清楚地了解、掌握建筑钢笔画的方法、步骤和技法。

　　本书在编写过程中得到了合肥工业大学陈新生教授的大力支持，在此表示衷心感谢。福建工程学院的黄东海老师、孙群老师、王隽彦老师也为本书提供了部分精彩作品，在此一并致谢。

陈方达　林曦

2014 年 3 月于福州

目录

1 概述

钢笔画的历史可以追溯到 1000 多年前的中世纪，那时欧洲各地广为传播的《圣经》和《福音书》手抄本的插图可以说是钢笔画的雏形。文艺复兴时期，我们熟知的画家们几乎都使用钢笔绘制他们的创作稿和素描稿，其中最负盛名的莫过于荷兰画家伦勃朗和德国画家丢勒。伦勃朗用蘸水笔所画的素描，无论是人物速写，还是寻常小景，都极为概括生动。19 世纪末，随着自来水笔的出现，通常意义上的钢笔工具得到了普及，钢笔画成为人们喜闻乐见的艺术形式。

钢笔画是设计师、建筑师、室内设计师表达设计意图、探讨设计方案、收集设计资料的重要手段之一，也是画家和设计师应该掌握的一项基本技能。

1.1 建筑钢笔画的作用与意义

钢笔画的工具简单，携带方便，表现手法灵活多样、生动活泼。钢笔画具有造型明确的特点，可以用简洁的线条准确地表达建筑的形体结构。因此，钢笔（包括签字笔等）成为建筑设计师、室内设计师、景观设计师表达设计意图和记录建筑生活场景的主要工具。

设计师在构思过程中可以通过钢笔这一工具将大脑中的抽象思维延伸到外部，从而进行形象化展示，使自己能够直观地发现问题、分析问题和解决问题。钢笔画作为最常见的设计表现形式之一，是传递设计思想的载体；同时钢笔画也是学生在应试、求职面试时的主要表现形式，是美术和设计专业人员必须具备的基本表现手法。

钢笔画除了作为一种独立的设计表现手法之外，还可以作为常见的快速设计表现手法（马克笔、彩色铅笔、钢笔淡彩等）的基础底稿，快速表现往往是在钢笔画的基础上着色完成的。

钢笔底稿的线条是否流畅，用笔是否到位，对后续的成稿尤为重要，所以学习手绘表现（色彩快速表现）首先要练好钢笔线描画法。由此也可看出，建筑钢笔画是建筑设计、城市规划设计、室内设计、景观设计等专业必修的专业基础课程。

1.1.1　作为独立的绘画表现形式

钢笔画作为一个独立的画种，具有很强的表现力。它可以采用各种不同的表现方式，清晰地表达空间的形体特征、材料质感、空间明暗层次等关系。

（1）以线条为主要造型手段并辅以明暗层次的画法可表现建筑空间的体量感和层次感。钢笔画往往是采用写实的表现手法，在透视关系准确、比例结构严谨的基础上赋予建筑合理的明暗关系，充分表现出具有真实性和艺术性的建筑形体特征，从而在表达明暗时使人感受到形体与空间的存在。

福建武夷山民居　作者 | 陈方达

福建民居　作者 | 陈方达

（2）以线条描绘建筑轮廓和结构的画法可表现建筑的形体特征及建筑的结构。在掌握透视及理解建筑形体结构的前提下，往往采用同一粗细的线条，依靠线条的疏密组合等处理手法，表现出极具特点的钢笔画艺术作品。

徽州宏村　作者｜陈方达

福州三坊七巷　作者｜陈方达

工商银行烟台山支行　作者 | 林曦

江西婺源民居　作者 | 陈方达

（3）以较为随意的线条，用速度较快的画法表达建筑的体块及空间关系。虽然只是表现建筑大体的空间关系，忽略细节，却能把握空间的整体关系及主要特征，所表达的画面往往具有独特的艺术感染力和审美价值。

福建民居　作者 | 陈方达

后窗　作者 | 林曦

1.1.2 作为快速表现图的基础底稿

设计快速表现法（色彩画法）多指在钢笔画稿的基础上进行着色。常见的快速表现画法有水彩淡彩法、马克笔法、彩色铅笔法等。同时钢笔画也可以结合电脑上色，以达到一种既有电脑绘图的模拟真实效果，又具有手绘作品特殊艺术性的画面效果。

（1）水彩淡彩法：水彩的颜色具有透明的特点，这使水彩淡彩法成为设计快速表现中较为常见的一种方法。钢笔淡彩的画法，一般是指在钢笔线描稿的基础上，特别是在建筑界面的交界处和结构转折处施以适当的色彩，使画面达到结构清晰、色彩轻快的艺术效果。

（2）马克笔法：马克笔是目前设计快速表现技法中最常用的一种工具，具有和水彩颜色相似的特点，即色彩透明、艳丽、覆盖力不强等。因此，选择马克笔作为工具时，必须要以清晰的钢笔线为底稿。上色时力求做到用笔道劲有力，注重建筑的体块感，以达到强烈的视觉效果。

（3）彩色铅笔法：彩色铅笔法是设计表现技法中较为常见的一种表现手法，同时彩色铅笔也是水彩、马克笔等快速表现的辅助工具。使用彩色铅笔时，画面一般不宜画得过于深入。因此，常以钢笔线为底稿，在此基础上，淡淡地施以颜色，注重画面色彩的协调性和用笔的随意性，以达到清新淡雅的艺术效果。

（4）电脑上色：电脑绘图具有画面真实、容易修改等优点，而钢笔画则具有很强的艺术性，两者的结合将是未来设计表现的重要手段。绘制时可先将所画的钢笔画扫描输入到电脑中，再通过 Photoshop 等绘图软件着色，结合两者的优点，绘制出的画面具有一定的艺术性和真实性。

1.2 建筑钢笔画的工具与材料

1.2.1 工具

建筑钢笔画的工具是我们平时书写中常用到的工具，非常普及且携带方便，容易购买，价格便宜。常用的有钢笔、美工笔、针管笔、签字笔等，一支笔往往就能表现出丰富的艺术效果。在挑选工具时要注意的是：不管选用哪种笔，最重要的是出水要流畅。

1. 钢笔与美工笔

钢笔是常见的书写工具。它起源于 17 世纪的鹅毛管笔，19 世纪初逐渐发展成为现在的贮水钢笔。美工笔在原有钢笔的笔头上进行弯曲，使用时根据用力变化，以及笔身倾斜和直立的角度不同、方向不同可以描绘出各种粗细不同的线条。美工笔绘出的线条富于变化，具有线条的表现力，以及画面的艺术感染力。

2. 针管笔与签字笔

针管笔是设计制图的常用工具，签字笔是目前常用的书写工具之一。针管笔、签字笔所绘制出的线条与钢笔线条相似，且都有型号和规格多样及出水流畅的特点，所以目前都是钢笔画常用的表现工具。

3. 其他画笔

钢笔画的概念不仅仅局限在以钢笔、签字笔等工具所表现的画上，已经扩展到圆珠笔、记号笔、宽头笔、软性尖头笔、马克笔等工具所表现的画上。只要敢于尝试和探索，不难发现，有些工具具有极强的表现力，为拓展钢笔画的艺术效果带来了更大的可能性，也使钢笔画的表现方法更加丰富多样。

钢笔： 钢笔画出的线条挺拔有力、粗细均匀、富有弹性、线条流畅。其适合线条的组织排列，是常见的书写、绘画工具，使用方便。

美工笔： 美工笔画出的线条变化丰富，可粗可细，笔触变化灵活。其适合表现条和块面结合的画面效果。

针管笔： 针管笔的品种较多，笔尖有不同型号，可根据需要选择笔尖粗细不同的笔，适合表现线条精确、色调细腻的钢笔画。

各种画笔

1.2.2　材料

钢笔画除了要用到钢笔、签字笔等工具之外，还需要纸张、墨水、涂改液等材料。

纸张：钢笔画的用纸可选择的品种很多，以质地较密实、光洁，有少量吸水性能的为好，如绘图纸、素描纸、铅画纸、卡纸、白板纸、复印纸等。有色纸也是钢笔画中经常使用的纸张，选用这种纸张作画降低了钢笔线条的明度对比，使画面呈现出柔和的视觉效果，可产生和谐优雅的色调。选择不同质地、不同肌理、不同色彩的纸张可表现出不同的画面效果。

因钢笔、签字笔的笔头坚硬，加上人在作画时一定的用笔力度，所以纸张的选择上首先要有一定的厚度和坚韧性，以确保坚硬的笔尖不至于将纸面划破。一般现有的纸张有180克、200克、240克、300克等规格，通常克数越大的纸张厚度越厚，平整度也越高。在质地光滑的纸张上作画，线条流畅秀丽；而在纹理粗糙的纸张上作画，线条粗犷有质感。

素描速写本、水彩速写本是理想的钢笔画纸张，现在市面上能够购买到的速写本种类繁多，规格齐全，携带使用方便，是外出写生的理想用纸。常用的有8开（A3）速写本、12开

（方形）速写本、16开（A4）速写本，作画者可根据各自的习惯和具体情况来选择自己所需要的速写本。除此之外，也可以选择单张的素描纸、毛边纸、牛皮纸等。

墨水：在使用注水钢笔和美工笔时还会用到墨水。要注意的是，如果所描绘的钢笔线稿是作为钢笔淡彩（在钢笔线稿基础上再用水彩上颜色）的底稿，那么就要选择相对特殊的墨水，以防止上色时钢笔线稿的墨色晕染。

涂改液：钢笔画线条不易修改。一般情况下，作画时对钢笔画的线条不做修改，只有在万不得已的情况下才用涂改液进行适当修改，因此画钢笔画的过程中可准备一支涂改液。

1.3　建筑钢笔画的特点

钢笔画不同于一般的绘画，而建筑钢笔画又稍有别于一般的钢笔画。从表现的内容来看，建筑钢笔画一般表现鸟瞰的城市、现代建筑、教堂钟楼、乡间别墅、普通住宅、古老民居等；表现的形式除了一般的钢笔画所具备的艺术特点之外，往往是以具体的形象表达画家或设计师对真实场景的体验，以此来说明想要表述的感受。它主要表现建筑的形态特点、结构关系、空间特征及建筑与环境的相互关系等，具有形象上的明显可识别性。因此，建筑钢笔画往往采用的是相对写实的表现手法，客观真实地再现建筑，这也是建筑钢笔画的主要特点。

在钢笔画艺术中，线条是极为活跃的表现因素。用线条去界定物体的内外轮廓、姿态、体积是最简洁客观的表现形式。钢笔线条以其良好的兼容性，无论是单线勾勒，还是用线描明暗相互结合，都能得到很好的效果，因此我们说线条是钢笔画艺术的灵魂。

钢笔绘出的线条一般无法像铅笔绘出的那样有浓淡变化，它缺乏丰富的灰色调，因而钢笔画在色阶变化上有局限性，这是钢笔画自身的局限性，然而正是这种局限使我们将钢笔画列入黑白艺术之列。很多优秀的钢笔画往往强调色阶的两极，合理的黑白布局往往使钢笔画显得精练概括，使作品有很强的视觉冲击力和整体感。在这一点上，钢笔画与版画有着相似之处。传统的黑白木刻中，由于工具材料与手工印刷精度的限制，使得木刻作品不追求过多琐碎的灰色调，形成了木刻中特有的黑白语言。

校园　作者｜陈方达

过桥（木刻）作者｜（美国）桑格

大雁（木刻）作者｜（美国）桑格
精练概括是木刻作品特有的黑白绘画语言。

桂峰村　作者｜陈方达

福建鼓浪屿老别墅　作者 | 陈方达

德国城堡　作者 | 陈新生
应用大块的黑白块面与线条的建筑造型形成
了对比强烈的视觉效果。

福州下杭老街　作者 | 陈方达

石拱桥　作者 | 陈方达

村外　作者 | 陈方达

古塔　作者 | 陈方达

老屋　作者 | 林曦

村路　作者 | 林曦

1.4　具有独立审美价值的建筑钢笔画

　　20世纪初，随着现代美术中与工业化大生产相适应的造型设计学科的蓬勃兴起，更多画家、设计师投入钢笔画创作的艺术领域。无论是抽象的革新派画家、忠实的写实派画家，还是为商业包装和现代设计服务的设计师，都留下了数目可观的钢笔画佳作，其中既有逸笔草草的生动速写，也有精细入微和刻画深入的完整佳作。那些在现代艺术史上声名显赫的大师们，如梵高、马蒂斯、毕加索等，也都用钢笔进行了大量的艺术创作。钢笔画的表现力有了很大的发展，如今，在钢笔画技法不断完善和钢笔工具不断科学化、多样化的基础上，以建筑为表现题材的钢笔画已经成为一门具有独特审美价值的绘画门类。

浙江丽水民居　作者｜陈方达

福建永泰民居　作者｜陈方达

小巷　作者 | 陈方达

法国巴黎街景　作者 | 陈新生

江苏同里水乡　作者 | 陈方达

湖南张谷英村　作者｜陈方达

浙江绍兴柯桥　作者｜陈方达

徽州宏村1　作者 | 陈方达

徽州宏村2　作者 | 陈方达

福建闽南民居　作者 | 林曦

徽州西递村　作者 | 陈方达

思考题

1. 在建筑设计中广泛使用计算机的当今，为什么手绘建筑钢笔画的技能依然是重要的专业基础？

2. 建筑钢笔画有什么样的表现特点？

3. 为什么说建筑钢笔画具有独立的审美价值？

2 建筑钢笔画的基础训练

2.1 线条的练习

线条是钢笔画的重要组成部分。

初学画者因为不够熟练，画时没有把握，所以线条常画得断断续续、软弱无骨，整个画面给人缺乏自信、没有生气之感。钢笔画线条的表现力是经手指、手腕、肘和肩膀的协调运动来实现的。因此，初学画者可以通过有针对性的练习来提高驾驭线条的能力。

钢笔画线条具有两个特征：① 干脆、果断、自信、不拖泥带水；② 具有变化性，如粗细、长短、浓淡等变化。

缺乏自信的线条

现在，我们进行如下几种练习。

（1）先运动一下手指，运用手指画不同方向的短线条。

短线条练习

（2）配合手腕画中长度的线条，要避免出现无法受控制的弯曲线条。

中长线条练习

（3）协调运动肘、肩膀，画出长线条。

长线条练习

（4）通过手指、腕、肘和肩膀的协调运动，画出变化多样的自由线条，注意起笔、运笔、收笔、快慢等节奏变化，保持线条的流畅性、随意性。

自由线条练习

（5）线条在排列组合中形成色块，练习各种线条排列组合，以形成不同的色块肌理、明暗调子。

色块练习

2.2 取景与构图

景物主要有自然风光和人文景观两大类。

不是所有的景物都可入画，能入画者首先要引起你的注意，能打动你，使你有作画的冲动，然后你再经过构思、创作，形成作品。要学会取景，发现美，并运用构图的规律，表现美和创造美。

所谓构图，即如何组织画面，它对整个作品起着举足轻重的作用。

构图时要安排好前景、中景、远景，它们是互相衬托、相辅相成、缺一不可的。一幅画中如果仅有中景，没有前景和远景，画面会显得单调、孤立，缺乏空间层次感。安排好前景、中景、远景才能使画面丰富多彩，产生感人的力量。一般来说，主体（兴趣中心）处于中景，对比强烈；配景在前景和远景，对比相对较弱。

远景

中景

前景

塔川 作者 | 林曦

三景结合使画面内容丰富，空间感更强。

构图时应注意以下几点。

1. 角度及横竖构图的选择

选择好景物后，从什么角度入手？应尽量选择能代表建筑特征的角度。一般采用正面稍侧的角度，正面和侧面角度因显得呆板，缺少变化，所以较少使用。

角度太正

角度适宜

初夏　作者｜林曦

　　至于选择横构图还是竖构图，主要看建筑体量的样式。宽阔的建筑体量或景物处于横向位置时，一般采用横构图；具有高大体量或景观处于竖向位置时，采用竖构图比较合适。

别墅（横构图）　作者｜林曦　　　　　　　　　　　　　　故里（竖构图）　作者｜林曦

同一景物也可根据需要灵活运用，形成不同的构图形式。

土楼　作者｜林曦

土楼初夏　作者｜林曦

2. 建筑物在画面中的位置

主体建筑过于居中会使人感觉呆板，但构图也不宜太偏，太偏就会失去主体位置。一般来说，主体位置要稍微偏离正中间，使建筑的正面、入口处、门楼前方拥有较大空间。

构图过于居中

构图太偏

福建云水谣民居　作者 | 林曦

福建漈下村　作者｜陈方达

3. 建筑物在画中大小

建筑物在画面中不宜太大，否则会撑满画面使人感到局促；但也不宜太小，否则周围配景增多会使主体不突出。

构图太满

构图偏小

4. 建筑物与环境的形式变化

过于对称

轮廓线过于简单

雷岗山　作者 | 林曦
改变左右两边树木形态，寻求不对称。

桂峰山寨　作者 | 林曦
改变远山体势及树木大小，使之有高低节奏变化。

皖南金村　作者 | 陈方达

5. 兴趣中心的设置

所谓兴趣中心，是吸引人视线的部位或区域。面对景物应选择最能吸引人注意力的焦点（如果焦点太弱就不能吸引人眼球），为此要去发现具有"鹤立鸡群"的那种最突出、与众不同的焦点，使之形成画面的中心。面对同一景观，每个人都会有不同的立意，甚至同一个人也会有不同的处理方式，因此就会形成不同的兴趣中心。

兴趣中心在上
选自柴海利编著的《国外建筑钢笔画技法》。

兴趣中心在下
选自柴海利编著的《国外建筑钢笔画技法》。

道路旁　作者 | 林曦

重点刻画的小木屋成了画面的趣味中心。

小溪流过　作者 | 陈方达

2.3 透视原理

透视原理概括起来有两点：

①近大远小；②近实远虚。

正确的透视使画面具有很强的空间立体感，令人有身临其境的感觉。

应用透视时要牢记以下几条重要规则。

1. 视平线的确立

视平线是作画者假设面前有一条水平线，它的高度是作画者眼睛与地面的垂直距离。因此，在一张画面中只有一条水平线。视平线的确立十分关键，它决定了观察位置的高低。

视点较低

视点正常

视点较高

2. 消失点的位置

由透视产生的消失点一般在视平线上，但也有例外，如上坡和下坡道路的消失点就不在视平线上。

上坡   下坡

3. 一点透视

一点透视又称平行透视。物体的一边或一面与画面平行（与观察者平行），除了伸向远方的平行线相交于一点外，其余的都互相平行。一点透视适用于表现横向场面宽广、能显示纵向深度的建筑物空间。为避免画面呆板，视觉中心点不宜定在画幅的正中间。

一点透视

小巷　作者 | 陈方达
一点透视的方法将小巷幽深宁静的氛围表现
得非常充分。

山居　作者 | 林曦

福州三坊七巷　作者 | 陈方达

江西婺源民居　作者 | 陈方达

4. 两点透视

两点透视又称成角透视。物体的一边或一面不与画面平行，两面的平行线各向一方相交消失，形成两个消失点。两点透视是常用的透视类型，效果较真实、自然。

两点透视

点心店　作者 | 林曦

体育馆　作者 | 陈方达

福建人民会堂　作者 | 陈方达

福建民居　作者 | 陈方达

　　通过一点透视和两点透视的学习，可以总结出一条重要规律，即方体的顶面或底面离视平线越远，它的面积越大，相反就越小。与顶面或底面相应的边（一点透视中消失于消失点的边）也是离视平线越远，与视平线的成角越大，反之越小。当顶面或底面与视平线齐平时，其与视平线重合成为一条线段。

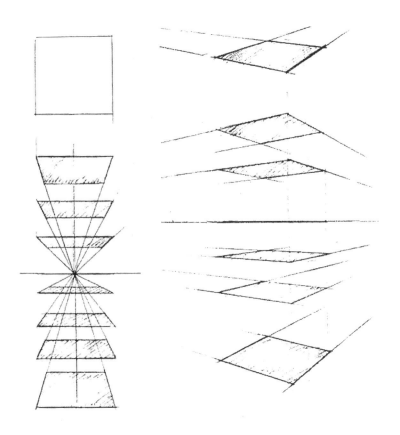

透视变化图示

5. 三点透视

当高大建筑物采取仰视或俯视视角时，原先垂直于视平线的侧边向上或向下消失，并最终相交于一点。三点透视较少使用，主要在表现超高层建筑时使用，以给人强烈的视觉感受。

仰视   俯视

高大的现代建筑
选自柴海利编著的《国外建筑钢笔画技法》。

广州宾馆　作者｜钟训正

6. 空间法则

在平面上表现深远空间时应遵循近粗远细、近大远小、近密远疏等法则。

空间法则表现

作画时应用好空间法则，可以塑造出强烈的空间效果。

2.4　主体与配景

　　建筑写生所描绘的都是处于真实环境中的建筑物，因而除了主体建筑物外，还需要表现建筑物所处的环境，即与建筑物协调一致的配景。一张好的建筑画不仅要注意主体的塑造，还要注意配景的刻画。配景对建筑物氛围的营造能起到画龙点睛的作用。

　　"艺术源于生活，又高于生活。"写生对象不一定很完美，作画者经常需要对所取内容进行有意识的改造，使之符合审美规律。如现场杂乱无章的要整理归纳，使之有秩序感，而与画面无关的内容要删除；环境太空、景物太少的，就要另行添加，使画面丰富。增加的景物可以是周边现成的，也可以是从其他地方收集来的，总之要保证与建筑物功能等相一致。

实景

实景附近收集的景物与人物形象

浙江丽水石溪村　作者 | 林曦
实景附近收集的景物与人物形象丰富了实景内容，增强了画面效果。

配景主要有以下几类。

1. 人物

建筑画中可适当画一些人物。一方面通过人物大小与建筑物比例关系的对比，建立画面的尺度；另一方面人物的服饰和形象特点也能反映地域人文特征，使画面活泼生动。但人物毕竟是建筑的陪衬，不宜画得过于深入，以免喧宾夺主。

人物画法1　作者 | 林曦

人物画法2　作者 | 林曦

人物画法4 作者 | 林曦

建筑画中的人物，练习者只要画好人体比例、简单动态即可。一般来说，人物以头部高度作为参照，身高约为头部高度的 7 ～ 7.5 倍。平视时人物高度与视平线等高，如果仰视或俯视则有不同的变化。由于个体身高差异，人物高度可在视平线上下浮动。近处人物画得大些，远处人物画得小些，但不管人物远近，都不宜把人物的五官、服饰等细节画得像人物肖像画一样深入，也不要表现人物过于夸张的动作。

小巷　作者 | 林曦
人物使画面具有了生活气息。

2. 交通工具

交通工具五花八门,画什么类型的车辆要考虑建筑环境特征,如市区街道可表现公交车、轿车等,乡村则可出现马车、拖拉机等。交通工具类型特征能使建筑环境氛围更加突出。

表现交通工具时,练习者要处理好它们与建筑物的远近和比例关系,还要画好与建筑物相一致的透视关系。练习者平时要注意观察,做一些速写练习,以熟悉各种类型的车辆造型。

各种车辆画法1　作者｜林曦

各种车辆画法2　作者 | 林曦

高新路　作者 | 林曦

树荫　作者 | 林曦

苏州平江路　作者 | 林曦

3. 植物

植物是建筑画中经常出现的景观之一，画好植物能营造出真实的环境效果。

植物也是建筑物的配景，画时不一定表现出植物精确的物种属性，仅表现出植物的大体特征即可。

要学会表现以下几种植物：① 阔叶植物，如棕榈树、芭蕉树、蒲葵等；② 小叶植物，如柳树、竹子等；③ 针叶类植物，如松树等；④ 仅有枝干的树。

画有叶子的树，要注意统一光影下的体积表现，理解圆球状形体特征，通过把复杂的树木概括为简单的几何形体来理解体积。

树的体积及表现
选自柴海利编著的《国外建筑钢笔画技法》。

画阔叶植物要注意观察叶子前后左右的方向变化，才能生动表现其生长关系。

阔叶植物画法（芭蕉树）　　作者 | 林曦　陈方达

阔叶植物画法（散尾葵1）　作者 | 林曦　陈方达

阔叶植物画法（散尾葵2）　作者 | 林曦　陈方达

阔叶植物画法 作者 | 林曦 陈方达

画小叶植物要统一光影的方向，表现叶子的疏密、浓淡、远近、虚实关系。

小叶植物画法1 作者 | 林曦 陈方达

小叶植物画法2 作者 | 林曦 陈方达

小叶植物画法3　作者 | 林曦　陈方达

小叶植物画法4 作者 | 林曦 陈方达

水乡 作者 | 林曦

山里人家　作者 | 林曦

　　画针叶类植物要注意整体形状特征和体积关系。

针叶植物画法　作者 | 林曦

夏日　作者 | 林曦

　　画枝干要观察上细下粗的植物的生理特征，枝干互相交叉、前后出枝。有的树干笔直，有的弯曲环绕，有的光滑，有的粗糙，用笔时要根据不同特征来表现。

植物枝干画法1　作者 | 林曦

植物枝干画法2　作者｜林曦

徽州屏山　作者｜陈方达

表现树丛、草丛时要注意不同植物的画法及前后关系，用调子或用疏密手法互相衬托，使之虚实相映。

树丛、草丛画法　作者｜林曦

仲夏　作者｜陈方达

江西婺源民居　作者 | 陈方达

4. 水景

　　水景是临水建筑的常见配景。水面使建筑如镜子般在水中产生倒影。倒影与实景不是完全对称的，由于透视原因会产生不同的形象变化。此外，水面的涟漪会产生波纹，使水中倒影晃动。倒影越远离岸边，明暗对比越弱，层次越简单，形象越虚幻。

水乡摇舟　作者 | 林曦

近水楼台　作者 | 林曦

水乡新晨　作者 | 林曦

浙江西塘　作者｜林芷芊

水乡石桥　作者｜陈方达

5. 道路

平路处于视平线之下。很多初学者经常把路面画得又长又陡，其原因是没画准路面透视，从而把道路画于视平线之上，就像上坡路一样。因此，画平路一定要先明确视平线位置，把消失点定在视平线上。还有些道路也是用于行人的，不要把路面画为坑坑洼洼、乱石丛生的状态。石板路的接缝应尽量严实些，但也要符合透视关系。

各种道路画法 作者 | 林曦

园区小径 作者 | 林曦

入村小径　作者 | 林曦
石板路的衔接、透视及虚实关系。

浙江丽水民居　作者 | 林曦
下坡路的表现。

烟台山　作者 | 林曦

上坡路的表现。

徽州宏村　作者 | 陈方达

徽州南屏　作者 | 陈方达
不同石材铺地的表现。

徽州西递小巷　作者 | 林曦
石板路的接缝平整且紧密。

6. 天空

建筑钢笔画的天空处理较为简单,甚至经常留白不画。画天空大都为了均衡画面,大致勾勒云彩轮廓即可。

小镇街头　作者 | 林曦
云彩轮廓与楼房的节奏变化。

7. 墙体

画墙体一方面要画准透视关系,另一方面要处理好墙角与地面的关系,不要画得界限分明而显得呆板、生硬,可画些小草过渡。如果是石头墙,还要注意石块的形状及厚度。

不同墙体表现技法　作者 | 林曦

浙江丽水民居1 作者 | 林曦

浙江丽水民居2 作者 | 林曦

福建桂峰村　作者 | 陈方达

小景　作者 | 陈方达

8. 窗户与门

　　表现窗户要认真观察光影变化，用光影对比表现空间立体感，也就是说要利用好强烈的明暗反差。有时物体的明暗关系不明确，可以对其进行艺术加工，强化、突出它的明暗关系。把握好玻璃上的反光、投影等就能准确表达玻璃的质感。

窗户画法　作者 | 林曦

表现门同样要观察光影变化，用光影对比表现空间立体感。对门上的春联、门的材质等细节上的刻画可以丰富画面的表现力，增加趣味性。砖墙在表现时，要注意透视变化，另外也要注意线条疏密的安排，不要画得密密麻麻的。

门的表现　作者 | 林曦

徽州西递古巷　作者 | 林曦

闽北漈下村　作者｜陈方达

徽州民居　作者 | 陈方达

永泰民居　作者 | 陈方达

徽州南屏　作者 | 陈方达

办公楼　作者 | 陈方达

9. 瓦片画法

画瓦片时，首先要观察、分析、理解瓦片的结构及透视变化，一凹一凸的错开咬合摆置自然形成流水槽，有时上面还压着砖块或有采光玻璃。描绘瓦片要避免画得太满太整齐，或太散太零碎，要强调整体感，注意虚实、疏密的变化，以及瓦片正面与背面的不同。

瓦片画法　作者｜林曦

浙江丽水民居　作者｜林曦

10. 公园景观

当下很多公园设施完善，景观讲究，具有实用与美观的双重性。收集这些漂亮的景观设施不仅有助于钢笔画练习，提高表现技巧，还能为今后的设计提供参考，并激发创作灵感。

公园景观1　作者｜林曦

公园景观2　作者 | 林曦

公园景观3　作者｜林曦

公园景观4　作者｜林曦　林芷芊

苏州园林　作者 | 林芷芊

11. 乡村常见配景

乡村较城市显得古朴，是建筑写生实习者常去的地方。乡村常见配景富有特色，大到水车、泥巴墙，小到水缸、箩筐等农作用具，都极具生活气息。通过细致观察，概括表现这些形象特征，能使环境真实感人，具有浓郁的乡土风情。

乡村常见配景1　作者 | 林曦

乡村常见配景2　作者｜林曦

乡村常见配景3　作者 | 林曦

乡村常见配景4　作者 | 林曦

福建岵山民宅　作者 | 林曦

村口　作者 | 陈方达

皖南民居　作者 | 林曦

农家小院　作者 | 林曦

徽州卢村　作者｜陈方达

小院　作者｜陈方达

思考题

1. 映入眼帘的景物都可入画吗？如何取舍移景，使作品更有吸引力？

2. 透视形成的原理、规律有哪些，在实践中如何正确运用？

3. 构图有何规律可循，如何运用这些美的规律进行写生创作？

4. 前景、中景与远景的组合对画面的重要性有哪些，如何灵活应用？

5. 如何理解对景物要"知其然更要知其所以然"？

6. 每幅作品都有相应的兴趣中心吗？有何办法能使兴趣中心富有情趣与变化？

3 建筑钢笔画的训练方法

学习建筑钢笔画时态度要严谨，不能急于求成，不要被他人熟练潇洒的用笔所影响，要一步一步打好扎实的基础。学习过程中除了勤奋和努力之外，更重要的是要勤于思考总结，接受科学正规的训练指导以免走弯路。根据一定的程序步骤制定有效的训练方法，掌握正确的学习方法。

学习的方法最好是有一个由浅入深、由简单到复杂的递进过程。练习时可循序渐进分三步进行：首先从临摹优秀作品练习开始，临摹优秀作品对于初学者来说是非常重要的一种学习方式，通过对优秀钢笔画作品的临摹，能够充分学习别人的表现技法和画面处理方式，积累经验。其次是从图片描摹过渡到对图描绘的练习。最后是真实场景写生的练习，表现的手法也应从慢画（要求物体结构严谨，明暗关系明确，画面表现深入）过渡到速写（物体结构简洁明了，空间特征概括明显）。

3.1 临摹

临摹是学习建筑钢笔画过程中最常见，也是必不可少的一种训练方法。通过临摹可以借鉴与吸纳有价值且易掌握的表现技法，以及处理画面的技巧和经验。在临摹过程中，千万不可盲目地为了临摹而临摹，要训练分析、总结和动手能力，从中学习提高并掌握它们成型的规律性。

3.2 对图描绘

对图描绘是学习建筑画较为常见的一种方法。首先要选择图面结构明显、光影关系合理（一般指正面光，而不是逆光）的照片，这是非常重要的。在描绘过程中，不能埋头不假思索地进行描绘，而是要采取概括、取舍的艺术手法主观地处理空间中的每一个物体，同时要始终注意画面的主次关系、虚实对比，以及画面的整体性。

描绘图片是从图片到场景写生的一个过渡环节。通过描绘图片，能够培养观察和分析能力、艺术概括的能力，整体把握画面的能力和尺度平衡的能力。同时，还可以对建筑设计作品比较全面、细致、深入地分析与学习，加深记忆。

除了选择合适图片作为描绘的内容外，还要选择适合自己学习风格的优秀作品进行模仿借鉴，要注意对优秀作品进行分析总结。将模仿、借鉴他人画风转化为最终自创、原创的独特风格，这也是学习建筑钢笔画的重要环节。通过该阶段的练习，学习者更能主动地把握画面。

闽西民居现场实景照片

闽西民居　作者 | 陈方达

在处理构图时，将实景图片中左右两堵墙面做了大胆的舍弃，使画面重点突出；对地面的材质也进行了合理的改造，使其更具有线条的韵律和绘画的节奏感，增强了纵深的透视效果；对电线杆的位置与形状也做了必要的调整和改造。

福建民居实景照片

福建民居 作者 | 陈方达

无论是对图描绘，还是实景写生，景物的取舍都是非常重要的。千万不能依样画葫芦，见什么画什么。以上画面描绘的内容和实景相比在很多地方都做了必要的调整，这使画面重点更突出，构图更合理。

3.3 实景写生

写生的内容十分广泛，包括建筑造型、结构、空间、材质、光影、环境等诸多方面。通过写生可以培养作画者对客观对象的正确观察，对建筑的直觉感知，增强立体空间意识，提高个人的艺术修养，同时，可以锻炼作画者组织画面的能力、概括表现的能力和形象记忆的能力。从建筑写生到建筑画的创作，既是在研究建筑和环境的关系，同时也是研究、掌握自然界的变化规律，以及建筑物在特定瞬间环境下的变化规律，由此为后续建筑画的创作积累更多的视觉符号和素材。建筑画是建筑设计师在设计方案过程中，以绘画的形式将头脑中的构想予以形象化的表达，而建筑写生是培养审美能力和建筑画表现能力不可或缺的手段。

通过写生不但可以收集素材、积累形象资料，还可以练就丰富的空间想象能力。通过写生可以提高创作思维能力和绘画语言的表现能力，以及对画面整体效果的把握和处理能力。通过写生还可以锻炼敏锐的观察能力和形象记忆能力，使之在建筑创作过程中，能够运用各种表现技能恰当地表达建筑设计理念。

学习建筑钢笔画绝非一朝一夕之功。一定要有长期坚持的思想准备，在学习中努力钻研，勤于思考，不断总结经验，寻找到具体的规律，只有经过长期的学习和积累，才能够画好建筑钢笔画。

江西婺源沱川实景照片

江西婺源沱川　作者|陈方达

这是一处平常的景物，实景中内容略显单调。在描绘过程中，对门框、石板路、电线杆、石头台阶等细节做了重点的刻画，使画面疏密有度、虚实得当。平常的景物也可以画成一幅精彩的钢笔建筑画。

浙江丽水民居实景照片

浙江丽水民居　作者 | 陈方达

注重大的建筑透视关系的把握，有选择地进行细部的描绘和刻画，使得画面整体感强，简繁适宜、张弛有度、重点突出。

小镇夕阳实景照片

小镇夕阳　作者 | 林曦
取舍造景能使建筑形象更丰富、更有节奏感。

村路弯弯实景照片

村路弯弯　作者 | 林曦
扩大重点区域面积，缩小前景配景空间，
使画面主次分明。

江西婺源民居实景照片

江西婺源民居　作者 | 陈方达

将实景的图像元素进行提炼和调整，通过对线条疏密变化的处理，使画面中丰富的内容能够有机地组合在一起，并具有强烈的节奏变化感。

漈下村实景照片

漈下村　作者｜陈方达
虚实处理得当，使画面更具有节奏感。

思考题

1. 为什么说学习建筑钢笔画不能急于求成，而要通过不同方法循序渐进的练习？

2. 临摹、对图描绘和实景写生各有什么特点？

3. 为什么建筑风景写生不能原样照搬实景，见什么画什么？

4 建筑钢笔画的表现形式

钢笔画通过线条的合理组织来表现物象，不同的线条组织形式能形成不同的表现形式与风格特征。常见的表现形式有线描表现形式、明暗表现形式和综合表现形式三种。

4.1 线描表现形式

线描表现形式是利用线条的多样变化清晰地表现建筑的结构、比例、材质等。这种表现形式要求作画者摆脱光影的干扰，适当排除对象的明暗关系，在对物象认真观察、理解的基础上，利用线条多样的表现力进行组织安排，表达建筑的主次、空间等关系。这种表现形式有一定的难度，不仅要概括、提炼线条，还要使画面充实而不空洞。它对建筑形体结构特征的认识很有帮助。

福建永泰嵩口民居　作者 | 林曦

江西婺源沱川　作者 | 陈方达

徽州宏村　作者｜陈方达

浙江西塘　作者｜陈方达

江西婺源沱川　作者 | 陈方达

用线条来塑造型体是建筑钢笔画最基本的表现手法，线条经过疏密、长短、曲直的变化，以及作画者运笔快慢和轻重的变化，可以创造出丰富多变的艺术效果。

江西婺源　作者 | 陈方达

江西婺源小李村　作者 | 陈方达

江西婺源江湾　作者 | 陈方达

福建民居　作者 | 陈方达

4.2　明暗表现形式

　　明暗表现形式即应用线条排列组成不同的明暗面来表现对象丰富的调子变化。要求作画者对物象认真观察、理解，根据光影的影响作用，真实再现对象的丰富层次。这种表现形式能使建筑形象明确，重点突出，空间、体积、材质感强。

又一夏　作者 | 林曦

闽西乡村1　作者 | 陈方达

闽西乡村2　作者 | 陈方达

小巷　作者 | 陈方达

4.3　综合表现形式

　　钢笔综合表现形式是指将线描和明暗表现结合起来的一种方法。一般在线描画法的基础上，在建筑的主要结构转折或明暗交界处有选择地、概括性地加上简单的明暗关系。强化明暗的对比关系，省略中间的明暗层次，强调重点物体的空间关系，同时又保留了线条的韵味，突出了画面的主题，具有较大的灵活性和自由性。画面既有线描画法的流畅性，又有明暗画法的体块厚重感，黑白布局精练概括、重点突出，增强了画面的艺术表现力，使画面的效果更加丰富，使作品有很强的视觉冲击力和整体感。

徽州西递村　作者 | 陈方达

闽西乡村　作者 | 陈方达

桥头　作者 | 林曦

浙江丽水民居　作者 | 陈方达

江西婺源民居　作者 | 陈方达

浙江丽水保定村　作者 | 陈方达

浙江丽水中溪村　作者 | 陈方达

福建永泰嵩口　作者 | 陈方达

福建长乐民居　作者│陈方达

徽州宏村　作者│陈方达

徽州西递村　作者 | 陈方达

小木桥　作者 | 陈方达

徽州宏村　作者 | 陈方达

小巷　作者 | 陈方达

江南园林 　作者｜林芷芊

福州民居 　作者｜陈方达

思考题

1. 建筑钢笔画有哪些表现形式，有何区别与相似之处？

2. 结构与明暗有关系吗，如何处理好它们之间的关系？

3. 面对大千世界的纷繁复杂，如何进行艺术的概括？

5

建筑钢笔画写生实例分析

建筑钢笔画主要有线描表现、明暗表现和综合表现三种形式。但不管采用哪种表现形式，首先都要进行取景、选角度，认真分析、理解对象的结构、透视、比例等形象特征，选择适当的表现形式并画好小构图，作画时做到心中有数，切勿盲目动笔。

5.1 建筑钢笔画线描表现写生实例与步骤

苏州平江路　步骤图1
在缜密观察、思考的基础上，明确视平线位置并用铅笔勾勒大体形象。铅笔稿不宜画得很细致，只需勾出主要透视、大的形体位置即可。

苏州平江路　步骤图2

从兴趣中心入手，逐渐向周围扩展。

苏州平江路　步骤图3

如有重叠形象，先画前景，后画被遮挡对象。

苏州平江路　步骤图4

注意线条的变化、画面的疏密关系。

苏州平江路　步骤图5

线条要画得概括，能清晰表现出所画对象的透视、形体结构、材质特征。

苏州平江路　完成图　作者｜林曦

时刻把握画面整体关系，注意突出兴趣中心，使画面具有丰富的层次变化，并营造好与建筑环境间恰当的气氛。

5.2　建筑钢笔画明暗表现写生实例与步骤

晌午　步骤图1

明确视平线位置，用铅笔清淡描绘构图方位、透视、大体结构特征。

晌午　步骤图2
从兴趣中心着手，定下明暗基调。暗部调子
不宜一次画得太重，应留有加深空间，注意
建筑材质塑造。

晌午　步骤图3
从兴趣中心向外延伸，注意调子的层次过渡。

晌午　步骤图4
注意前景、中景、远景的调子变化。

晌午　步骤图5
注意画面铺开的顺序与衔接，整体统领局部。

晌午　步骤图6
利用对比关系，初步完成画面。

晌午　完成图　作者 | 林曦
对画面进行微调，处理好兴趣中心与配景的
关系。

5.3　建筑钢笔画综合表现写生实例与步骤

江西婺源民居实景照片

江西婺源民居　步骤图1

首先，确定大的构图和比例关系，对于打底稿的轮廓线，下笔时要肯定、果断，不要犹豫不决、模棱两可。

江西婺源民居　步骤图2

进一步将建筑物中的具体结构和需要表现的内容明确下来，始终要注意画面的整体关系。

江西婺源民居　步骤图3

逐步深入，把画面中最重要的建筑部分先适度地突出表现，为后面的深入刻画做好铺垫。

江西婺源民居　步骤图4
深入刻画，并把柔软的草和墙体砖块的不同质感和肌理效果表现出来。

江西婺源民居　步骤图5
在深入刻画的同时，始终注意整体的画面关系，做到收放自然、张弛有度。

江西婺源民居　完成图　作者 | 陈方达

思考题

1. 建筑钢笔画中，如何处理好整体与局部的关系?
2. 如何营造与建筑环境的和谐氛围?

建筑钢笔画作品欣赏

林曦作品

　　作者注重对所描绘建筑景观的分析、理解，按美的形式进行取舍移景处理，强调兴趣中心与其他景物的虚实对比，注意环境氛围的营造，画面黑、白、灰层次丰富，材质表现准确，空间体积感强。作品中充分显示出钢笔画流畅概括且富有韵律感的特点。

王庄　作者 | 林曦

水乡日出 作者｜林曦

福建云水谣民居 作者 | 林曦

水乡新晨 作者 | 林曦

故园 作者｜林曦

黄东海作品

　　作者具有扎实的形象塑造能力，这表现在准确的透视运用、娴熟的钢笔画技法、对整体的把握等方面。作品中巧妙地利用结构线组成疏密对比，使物象虚实对比强烈。线条多样的组合排列不仅使画面具有深远的立体感，还具有一种和谐安宁的意境。

闽江船屋　作者 | 黄东海

江西婺源　作者 | 黄东海

孙群作品

　　作者擅长用钢笔来表现明暗调子。这种画法要求在多层排线后线条仍然不模糊、不杂乱，在线与线的空隙间保留微小均匀的空白。这种方法适合于深入刻画建筑细部，表现建筑的质感和肌理效果。

厦门鼓浪屿　作者 | 孙群

乡道 作者 | 孙群

王隽彦作品

　　作者借鉴了中国画"留白"的表现方法，熟练驾驭钢笔画线条的运用，表现手法概括简洁，画面虚实相间，给读者留有想象的空间。

屏山　作者｜王隽彦

徽州西递村　作者｜王隽彦

陈新生作品

　　作者运用钢笔来表现各类建筑形象得心应手，驾轻就熟，对线条的运用豪放潇洒，色彩的组织娴熟而又大气。每一幅作品都给读者留下了深刻的印象。

法国巴黎街景　作者 | 陈新生

成都锦里　作者｜陈新生

法国桑斯　作者 | 陈新生

摩纳哥　作者｜陈新生

德国卡尔斯鲁厄　作者｜陈新生

四川九寨沟　作者｜陈新生

意大利圣马力诺　作者｜陈新生

陈方达作品

　　作者的钢笔表现手法娴熟多样，画面效果生动活泼，无论是线条的组织还是明暗的表现都有自己独到之处。同时，熟练地运用水彩、彩铅、电脑表现等多种手法结合钢笔线描，表现出丰富多样的画面效果，使色彩和线条完美结合。

闽北乡村　作者 | 陈方达

水乡西塘　钢笔淡彩　作者 | 陈方达

江西婺源李坑 作者 | 陈方达

校园现代建筑　作者 | 陈方达

福建民居 作者 | 陈方达

后院 作者 | 陈方达

浙江松阳民居　作者 | 陈方达

小巷　作者 | 陈方达

建筑钢笔画作品欣赏 | 155

徽州金村　作者 | 陈方达

福建永泰民居 作者｜陈方达

江西婺源思溪延村　作者｜陈方达

浙江绍兴八字桥 作者 | 陈方达

浙江丽水大港头镇 作者 | 陈方达

石板路 作者 | 陈方达

小院 作者｜陈方达

粉墙黛瓦 作者 | 陈方达

铅笔建筑风景速写

　　铅笔建筑风景速写与钢笔建筑风景速写在表现手法上有很大的不同，但又具有很强的互补性。在建筑风景画的教学过程中，两种绘画表现方法如果能够交叉、穿梭进行，可以相互借鉴、相互促进，从而使画面相得益彰，这样学习的效果也会更加理想。

浙江西塘　作者 | 陈方达

浙江丽水堰头村　作者｜陈方达

浙江西塘　作者 | 陈方达

浙江西塘小巷　作者 | 陈方达

武夷山民居　作者 | 陈方达

浙江丽水民居　作者｜陈方达